彩妆
纸图
设计

Make Up

Drawing
Design

卢芃秫　李小凤

——

著

U0234753

化学工业出版社

·北京·

《彩妆纸图设计》对于人物形象设计学习者而言，是一门必修课程，也是一门必须发展、推广的课程。不论是初学者还是资深彩妆师，纸图绘制是化妆前的设计记录。将构思好的造型与色彩在纸上协调搭配好后，在人物化妆的实际操作时能表现得更臻完美。

本书的核心内容是学会如何使用绘图工具，应用多种异材质，学习光影应用技巧，表现有立体感的修饰效果，训练流畅的线条，从模仿、思维训练到创作，培养美感，提高审美能力。

本书可作为高等院校、职业院校以及化妆培训学校人物形象设计专业、美容美体专业等相关专业的化妆设计、化妆图纸设计、舞台化妆造型、创意化妆造型等课程教学使用。

图书在版编目（CIP）数据

彩妆纸图设计 / 卢芃杺，李小凤著 . -- 北京 ：化学工业出版社，2019.9（2024.5重印）
ISBN 978-7-122-34683-4

Ⅰ . ①彩… Ⅱ . ①卢… ②李… Ⅲ . ①化妆 – 基本知知 Ⅳ . ① TS974.12

中国版本图书馆 CIP 数据核字（2019）第 119407 号

责任编辑：李彦玲 　　　　　　文字编辑：姚　烨
责任校对：王鹏飞 　　　　　　装帧设计：王晓宇

出版发行：化学工业出版社（北京市东城区青年湖南街 13 号　邮政编码 100011）
印　　装：北京宝隆世纪印刷有限公司
787mm×1092mm　1/16　印张 11　字数 190 千字　2024 年 5 月北京第 1 版第 6 次印刷

购书咨询：010-64518888 　　　　售后服务：010-64518899
网　　址：http://www.cip.com.cn
凡购买本书，如有缺损质量问题，本社销售中心负责调换。

定　　价：78.00 元 　　　　　　　　　　　　版权所有　违者必究

有人用笔细说世界

有人用相机捕捉世界

有人用音乐遨游世界

有人用舞蹈舞动世界

我用彩妆看世界

在生命的一个转折点，因缘际会，我从一个只在舞蹈教室玩票性的化妆师进入专业的彩妆世界。

一瞬间已过了四十年，忆起三十年前在台湾屏东市的"兰容"美容坊，那是我的基地。一路走来，不论是当选高雄市美容工会第三、四届理事长，还是创立台湾地区化妆艺术技术学会，抑或自1997年至今担任德国进口专业彩妆——"歌剧魅影"台湾地区教育总监，我都不忘初心，兢兢业业努力钻研着，只因深深地爱着变化无穷的彩妆世界。

我始终认为自己是一个"好色的女人"，因为我想要将所有的色彩都赋予生命，不但要让女性更美，更要为缤纷的生命增加颜色。我的专业是颜色，色彩使我愉悦，所以我的休闲也是彩色的。在技术上我追求传统和个性，在传统中追求崭新的表现方式，破除一般彩妆的局限，追求特意绮丽的幻境，结合传统与个性的表现张力，将彩妆美学的概念传递出去，落在实务上，由拙劣到达繁复，再臻非原始性的简化。这一步步并非全为现实考量，更是为补美育之不足。这次承蒙浙江纺织服装职业技术学院艺术与设计分院美术班陆从源同学、陈先权同学、台湾卢兆琦老师提供全新原始底稿，有他们唯美的表现，才让我的美彩艺术更臻完美。

更感谢浙江纺织服装职业技术学院对这本书的支持，感谢罗润来院长的支持相助，感谢摄影专业杜锌老师的协助，也要感谢人物形象设计15级张圣吉同学，16级方罡起，唐城洁同学、17级张小龙同学的协助，此书才得以顺利完成。

艺术与色彩范围极广，难免挂万漏一，但请各位前辈多多指教，更不吝给予掌声，让我继续带着傻劲走下去。个人坚信，年轻时候的艰辛困顿是生命最为肥沃的滋养。

卢苋秌
2019年5月

目录

第一章

彩妆图纸材料的
认知与应用

工欲善其事，必先利其器，优质的绘图工具与材料有助于提高作品的质感与效果。

在彩绘图纸表现技法中常使用的工具如下：

1. A4或A3图画纸
2. 各种脸型底样
3. 亚光眼影
4. 明色、暗色、自然色粉饼
5. 各色彩铅笔
6. 自动铅笔
7. 橡皮擦
8. 笔式橡皮擦
9. 削笔刀
10. 扇形刷
11. 棉花球
12. 纸巾
13. 广告颜料白色、黑色
14. 各种异材质的媒材。

1. 自动铅笔
2. 棉花棒
3. 各色彩铅
4. 扇形刷
5. 亚光眼影

第二章

五官表现技巧

一 眉型表现技法

眉型在化妆造型中起着关键作用，在造型设计中忠、奸、善、恶的角色都以眉型的差异来表现。眉毛是人与人之间情感交流与情绪反应最容易表达的位置，也是最难掌握描绘技巧的部位。

眉毛的型态、长短、粗细、浓淡、弧度的变化能塑造不同风格的形象。

描画眉型必须注意的几个要点

1 最常见的基本三种眉型：a.标准眉 b.高挑眉 c.一字眉。

2 千种万变的眉型都从基本的三种眉型变化而成。

3 掌握好画眉的基准线就可以描绘出与主题切合且流畅的眉型。

4 眉型描绘不一定是眉头淡眉尾较深，必须以想表达的概念来决定眉头的浓淡。

5 眉毛的色泽除了与发色相近外，切合主题也是关键。

二  耳鼻修饰技法

在完成造型设计图时，鼻子是最具挑战性的，尤其是正面的造型，因为耳朵能被包覆在发型里面，或可略去，而鼻子却是必须存在的。

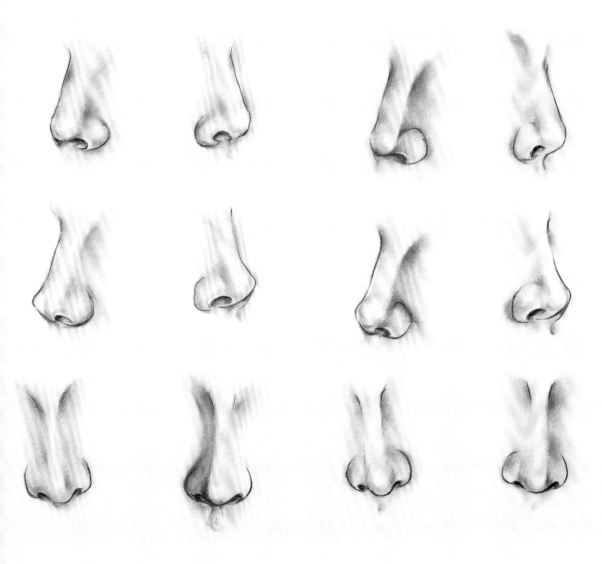

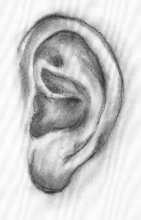

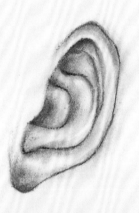

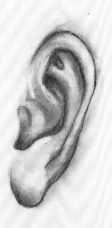
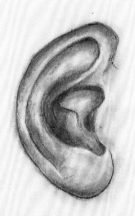
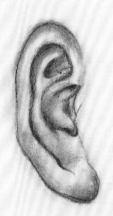

三　嘴唇描绘技法

　　嘴唇是脸部表情变化重要的部位，也是在五官化妆中不易描绘的细节。唇有厚薄、大小之分，有上翘、下垂等不同形态。描画唇部必须注意以下几个重点。

　　1. 依据设定主题，进行唇部造型设计表现，并能突出妆面形成的整体效果。

　　2. 唇色的色彩运用，除了与妆面协调外，须切合主题的风格。

　　3. 描绘唇部时须注意色彩变化与明暗修饰，如此才能表现唇部的立体感。

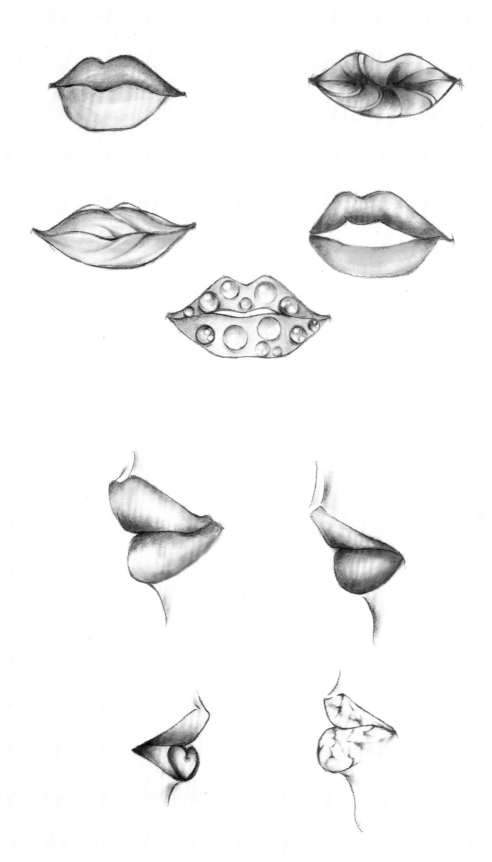

四 眼影晕染技法

五官中灵魂之窗——眼睛，是内心世界情感的传达窗口，是人神韵的表达。眼睛流露出喜怒哀乐，可见眼睛在化妆设计的表现中是最重要的描绘部位。

眼睛的形态有很多种，双眼皮、单眼皮、内双、一单一双、上扬眼、下垂眼等。造型师必须根据眼睛的形态与设定的主题进行设计。

无论是眼部的构图形态，眼影的涂抹晕染技巧，还是线条的流畅程度，都体现在色彩运用的技巧上。

涂抹眼影需要掌握以下几个重点。

1. 必须使用亚光眼影，避免使用珠光亮质眼影，以免产生反光与色彩浑浊的效果。
2. 可使用眼影棒着色，容易保持色彩的饱和度。
3. 使用亚光眼影与水性彩铅，易保持色彩纯度。

基本倒勾涂抹技法 1

基本倒勾涂抹技法 2

基本倒勾涂抹技法 3

基本倒勾涂抹技法 4

基本倒勾涂抹技法 5

基本眼影的晕染技法

第三章

脸型与五官

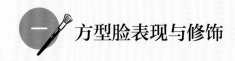 方型脸表现与修饰

1.特点：长鼻、单眼皮

2.修饰重点

1 **粉底修饰：**

① 上额角由发际线至太阳穴。

② 下额角由耳下至下额角。

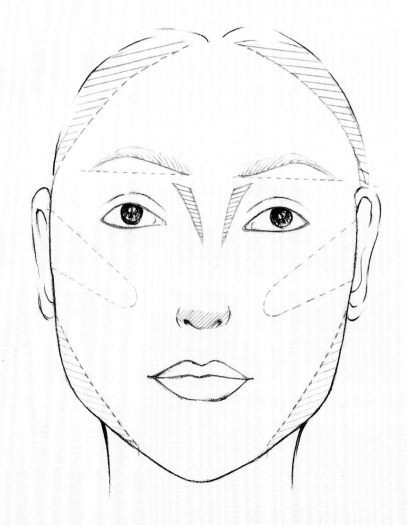

2 **眉型修饰：**

① 以标准眉为宜。

② 不宜角度眉或一字直线眉。

3 **眼影（单眼皮）：**

① 可画假双眼皮修饰（不宜使用亮质眼影）。

② 以单色或双色眼影由睫毛根部做渐层过渡（不宜使用亮质眼影）。

4 **眼线描绘：** 自然描绘。

5 **鼻影修饰（长鼻型）：** 以咖啡色系眼影由眉头下方至鼻翼1/3处两侧自然过渡。

6 **腮红修饰：** 顺着颧骨方向往嘴角刷狭长形修饰，略圆。

7 **唇形修饰：** 唇峰处不宜尖，下唇稍宽略带船底形。

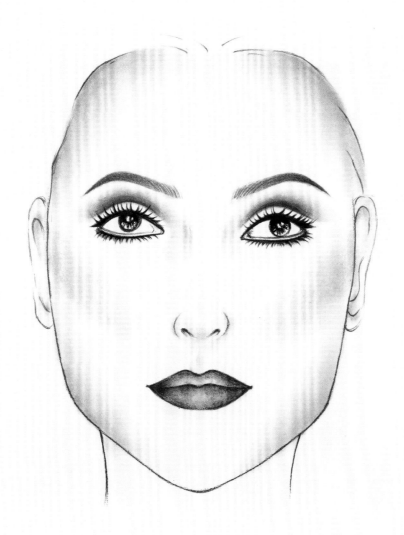

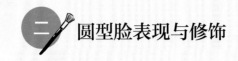

二 圆型脸表现与修饰

圆型脸（一）

1.特点：粗又塌的鼻子、上扬眼型

2.修饰重点

1 粉底修饰：

① 上额、下巴以明色修饰。

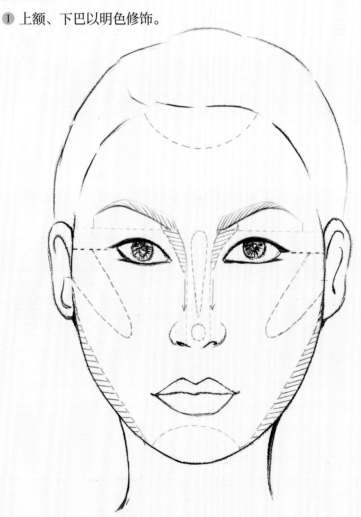

② 两颊耳中至下颚以暗色修饰。

2 **眉形修饰：**宜描绘角度眉或高挑眉。

3 **眼影修饰（上扬眼）：**眼影由眼头刷至眼尾，眼头略深眼尾略淡，下眼影眼尾略深稍宽。

4 **眼线描绘：**

① 上眼线由眼头顺着眼尾自然描绘。

② 下眼线眼尾水平描绘。

5 **鼻影修饰（粗又塌）：**以浅咖啡色由眉头下方刷至鼻翼两侧，鼻梁以明色修饰。

6 **腮红修饰：**顺着颧骨方向往嘴角刷。

7 **唇形修饰：**上唇略带角度，下唇略带船底形，不宜太尖、太圆。

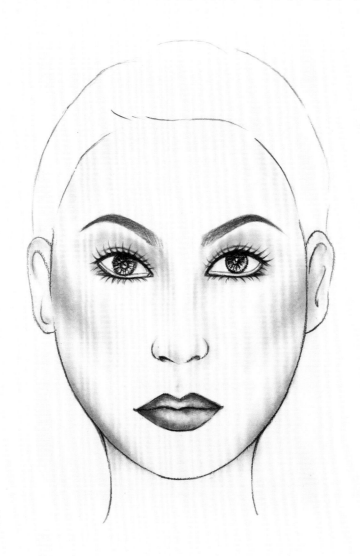

圆型脸（二）

1.特点：鼻头大、双眼皮

2.修饰重点

1 粉底修饰：

① 上额、下巴以明色修饰。

② 两颊耳中至下颚以暗色修饰。

2 眉形修饰：宜描绘角度眉或高挑眉。

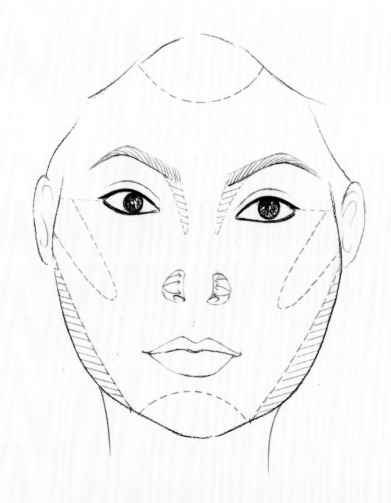

3 眼影修饰（双眼皮）：以单色或双色眼影均匀涂抹眼影，过渡自然。

4 眼线描绘：

   ① 上眼线由眼头顺着眼尾自然描绘。

   ② 下眼线眼尾水平描绘。

5 鼻影修饰（鼻头大）：由眉头下方刷至鼻中，鼻翼两侧以暗色修饰。

6 腮红修饰：顺着颧骨方向往嘴角刷。

7 唇部修饰：上唇略带角度，下唇略带船底形，不宜太尖、太圆。

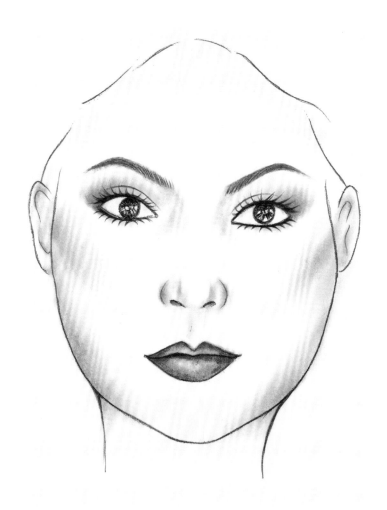

三 长型脸表现与修饰

1.特点：短鼻型、下垂眼型

2.修饰重点

1 **粉底修饰：**上额、下巴以暗色修饰（两颊以明色修饰）。

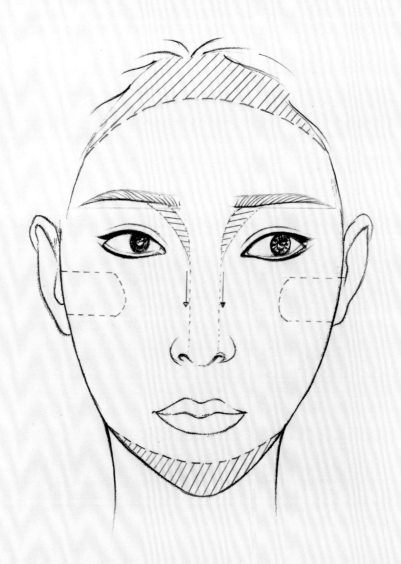

2 **眉形修饰：**略呈水平、自然描绘。

3 **眼影修饰（下垂眼）：**

① 眼头使用浅色眼影。

② 眼尾以深色眼影往上斜刷。

4 **眼线描绘：**

① 上眼线从眼中近眼尾微微上扬。

② 下眼线与上眼线呈水平微微上扬。

5 **鼻影修饰（短鼻型）：**由眉头下方刷至鼻翼两侧修饰。

6 **腮红修饰：**由颧骨处横刷，不宜太宽长。

7 **唇形修饰：**唇峰不应太尖，唇宽不宜超过瞳孔内侧。

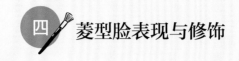 四　菱型脸表现与修饰

1.**特点：鼻头大、凹陷眼型**

2.**修饰重点**

　1 **粉底修饰：**上额、下额使用明色修饰。

　2 **眉形修饰：**略呈水平，自然描绘。

　3 **眼影修饰（凹陷眼）：**

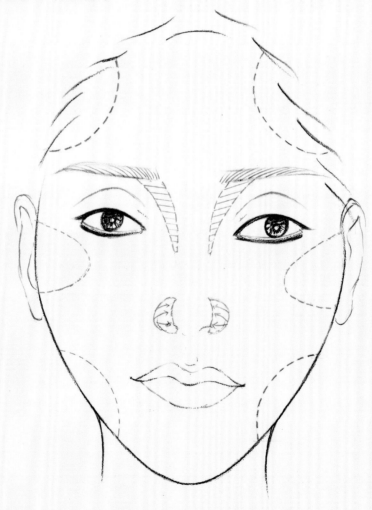

① 凹陷处使用明色眼影。

② 眼尾用深色眼影。

4 **眼线描绘：** 眼头至眼尾自然描绘。

5 **鼻影修饰（鼻头大）：**

① 由鼻头下方刷至鼻中。

② 鼻翼两侧暗色修饰。

6 **腮红修饰：** 由太阳穴至颧骨刷圆弧形。

7 **唇形修饰：**

① 上唇峰略平，不宜太尖。

② 下唇略带船底形，不宜太宽。

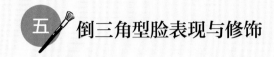

五　倒三角型脸表现与修饰

1.特点：长鼻型、浮肿眼型

2.修饰重点

　1 **粉底修饰：** 上额使用暗色修饰，下额使用明色修饰。

　2 **眉形修饰：** 宜描绘标准眉形。

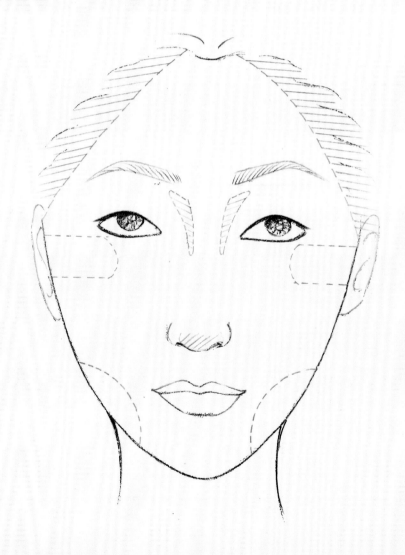

3 **眼影修饰（浮肿）：** 以深色眼影由睫毛处做渐层涂抹，过渡均匀自然。

4 **眼线描绘：** 由眼头至眼尾自然描绘。

5 **鼻影修饰（长鼻型）：**

    ① 由眉头下方刷至1/3处。

    ② 两侧晕开表现均匀自然。

6 **腮红修饰：** 由颧骨方向往内刷，略高稍短。

7 **唇形修饰：** 上唇峰稍薄，下唇略带船底形，不宜太宽太尖。

第四章

舞台化妆各式眉形与眼线运用表现

宽广的化妆艺术领域中，舞台化妆是一门极具挑战性，繁复且艰辛的深奥专业技艺。舞台妆的范畴分类多元，广义来说，影视化妆、歌舞剧表演化妆、戏曲化妆、人体彩绘艺术等，都属于舞台化妆的范围，从这四大单元又可分类出甚多的表现形式与风格。

化妆造型的任务以角色设定、服装、灯光、舞台大小、场景、和时代背景为依据，运用造型艺术手段进行创作设计。

眉型的设计表现与眼线的描绘在整个舞台表演中展现着剧情的张力拥有强烈的视觉冲击效果，本章节提供28种眉型表现、26种眼线表现与眼部设计套用参考。

一 眉型

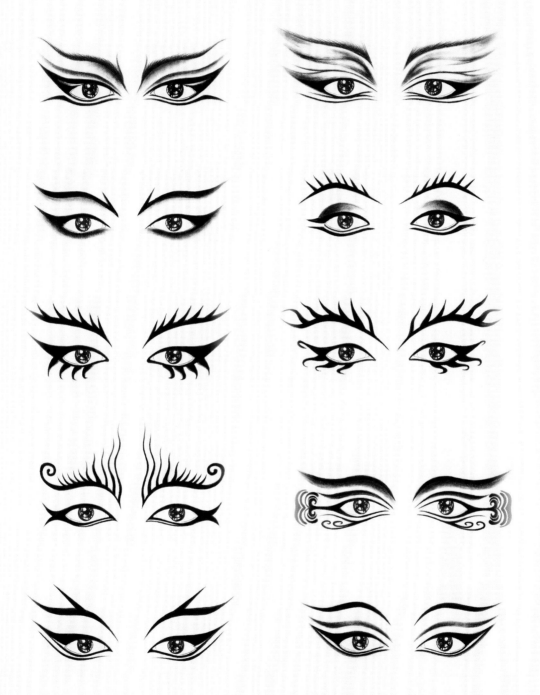

第五章

年代妆

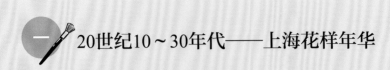

20世纪10~30年代——上海花样年华

民国妆容三大特点：细眉、凤眼、红唇。

1 **眉形：** 细长弯弯的柳叶眉。
2 **眼妆：** 淡淡晕红的眼影，若隐若现晕至太阳穴。
3 **眼线：** 顺着眼睛往眼尾拉长，呈现细长妩媚的效果。
4 **腮红：** 醉酒妆刷至眼底位置。
5 **唇：** 大红唇。

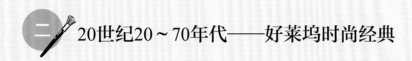

二 20世纪20～70年代——好莱坞时尚经典

1.20世纪20年代：脸部神韵柔和，纤细的半月形眉

1 眉形： 呈现半月眉。

2 腮红： 双颊晕红。

3 唇： 樱桃小嘴。

2.20世纪30年代：表现五官柔美与立体感

1 眉形： 细长略带半圆弧尾部微微往上倾斜。

2 腮红： 晕红的双颊。

3 唇： 上唇微薄，下唇略丰满的红唇。

3.20世纪40年代：表现自然柔和内敛的化妆状态

1 **眉形：** 柔和略显弯曲。

2 **腮红：** 淡柔微晕的腮红。

3 **唇：** 丰满的唇形。

4.20世纪50年代：风情万种的年代，刚强、自信的妆容表现
此时流行色彩以蓝、绿、咖啡为主。

1 **眉形：** 呈现侧躺的7字形前粗后细长，微高扬的眉形。

2 **腮红：** 若隐若现的腮红。

3 **眼部：** 上眼线描画假眼头，眼尾夸张上扬。

4 **唇：** 加大且丰满微翘的红唇。

5.20世纪60年代：化妆形态较50年代夸张

1 **眉形**：细长微高挑眉。

2 **眼部**：描绘假双眼皮，上眼线在眼尾处上挑加深，用眼线笔描绘下睫毛。

3 **唇**：丰满鲜艳的唇。

6.1970年代：运用丰富的色彩，注重眼影的变化

70年代的妆面流行，在色彩表现上不再像20～60年代以较单一的颜色呈现。由于当时西方国家流行古铜色肌肤，因此眼部色彩使用与表现形式趋向鲜艳亮丽，色彩丰富，眼部变化多元，其中的段式配色，以倒勾斜拉为最流行。

掌握70年代化妆须注意几个要点：

① 加强眉型及双眼表现

② 眼睛表现形式以段式配色法搭配倒勾放射式斜拉表现技法

③ 使用明暗色眼影，凸显眼睛的深邃及脸部立体感。

第六章

异域风情

融合媚艳、神秘、狂野的翩翩神韵，结合各民情风情的代表色彩表现，创作出异国情怀的美感新境界。

 神秘部落妆

妆面特点：以唇部为主要设计点。

 哥特式妆

妆面特点：以菱形的线条感强调下眼线的设计，唇部和下巴以点状直线排列。

 中东妆

妆面特点：挑高细长的眉形，夸张放射斜拉的眼部表现。

 四 土耳其妆

妆面特点：强调两颊凹陷立体效果。

五 伊朗妆

妆面特点：挑高的角度眉型，眼尾以放射斜拉奔放式的设计表现。

六 印度妆

妆面特点：额心及眉形上的吉祥痣是印度妇女的一种装怖。

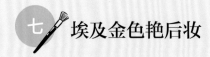

七　埃及金色艳后妆

妆面特点：眼线的描绘设计与眼窝使用金色粗线不同形状的贴纸。

八 印第安妆

妆面特点：以黑色表现印第安的灵性，使用半面珠作为脸部与唇部的设计重点。

第七章

易容彩妆术

伤疤、胎记、伤口、光头、雕塑、翻模、形体改变等都属于特效化妆，而老年妆是特效化妆一个重点的种类，也是彩妆艺术表现中一门必修的课程。老年妆在化妆表现技法上有一定的难度，如何描绘出逼真的老年妆必须注意如下几个要点。

① 掌握五官肌理结构。

② 仔细观察老人面部肌肉下垂的特征。

③ 掌握色彩应用深、浅棕色系与象牙色表现。

④ 把握线条柔软流畅，才能呈现自然的皱纹表现。

⑤ 利用色彩明暗关系，描绘憔悴的老态下垂的眼睛、凹陷的眼窝、凹陷的太阳穴、明显的皱纹等老人的特点。

⑥ 老人的眼神没有年轻人的明亮。描绘在眼线的不宜太黑，太明显。

⑦ 眉要稀疏、唇部向下描绘呈现下垂状态。

⑧ 凹陷的双颊。

⑨ 明显的眼袋。

⑩ 不均匀的肤色呈现粗糙的肤质表现。

老年妆也不是一味呈现老态，同样环肥燕瘦，衰老程度也不尽相同，须结合塑造形象的要求进行把握。

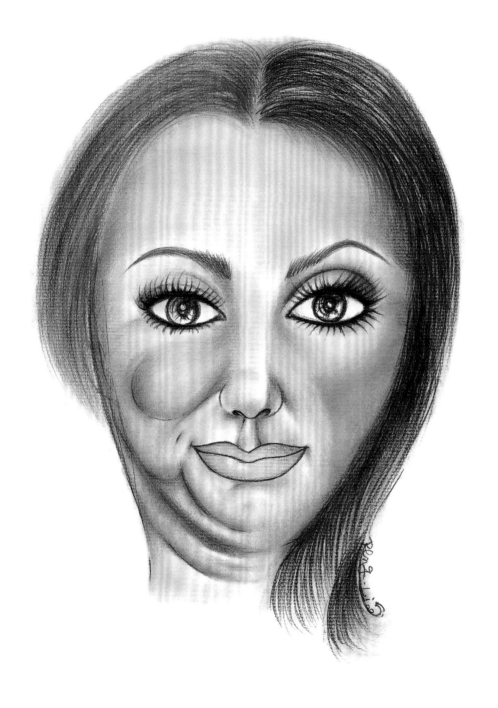

燕瘦环肥

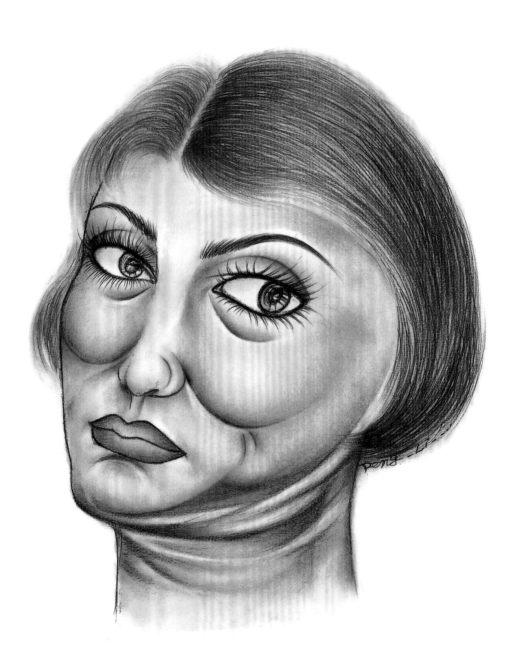

圆之美

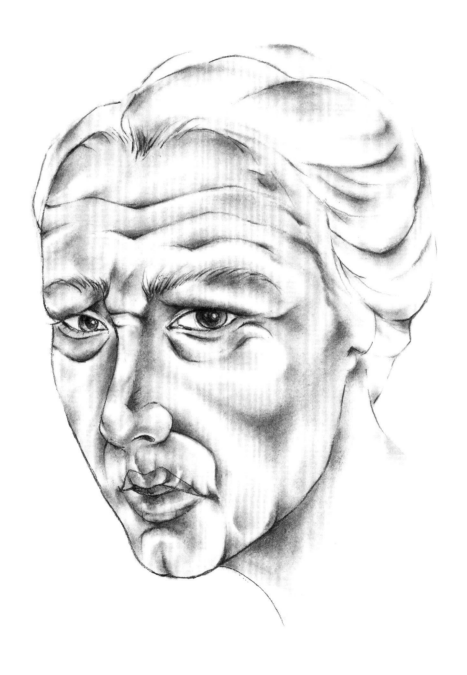

流金岁月（一）

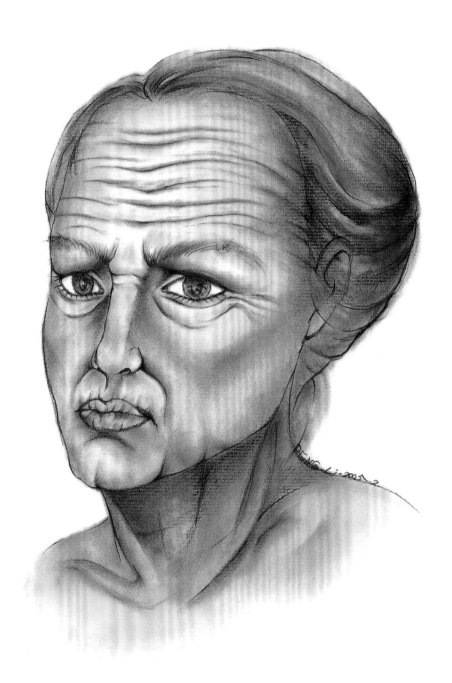

流金岁月（二）

第八章

时尚舞台立体妆

时尚是当今社会共同追求的目标，代表着经典、质感、品位、创意与艺术的美感新境界。

熟练的图纸描绘技巧、流畅的线条、渐层的晕染表现、绝妙的色彩搭配艺术，都是技术训练的基础。

『纸妆』将纸图设计与彩妆技术结合，呈现耳目一新的视觉效果。

1.欧式系列一

2.欧式系列二

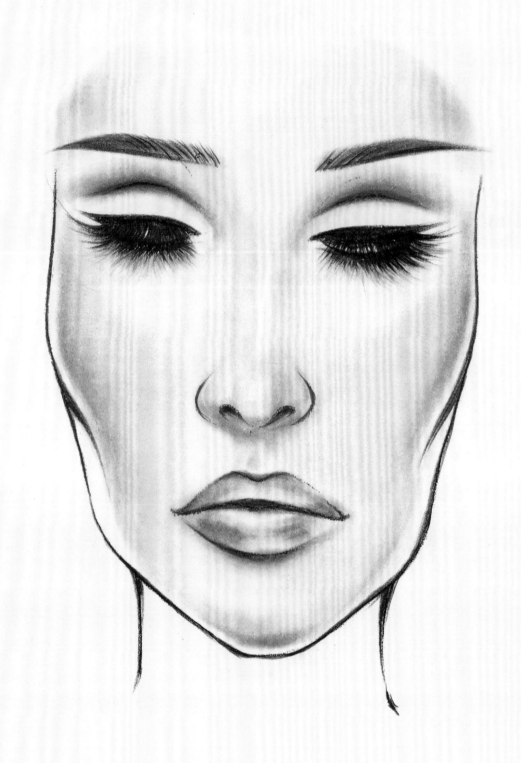

第九章

幻彩新娘创意妆

人生最美丽、最期待的时刻——步入婚姻殿堂，本章所示范新娘彩妆不同于柔美、自然的彩妆表现，以深情款款的罗曼蒂克色彩，百变幻彩为新娘打造绮丽人生。

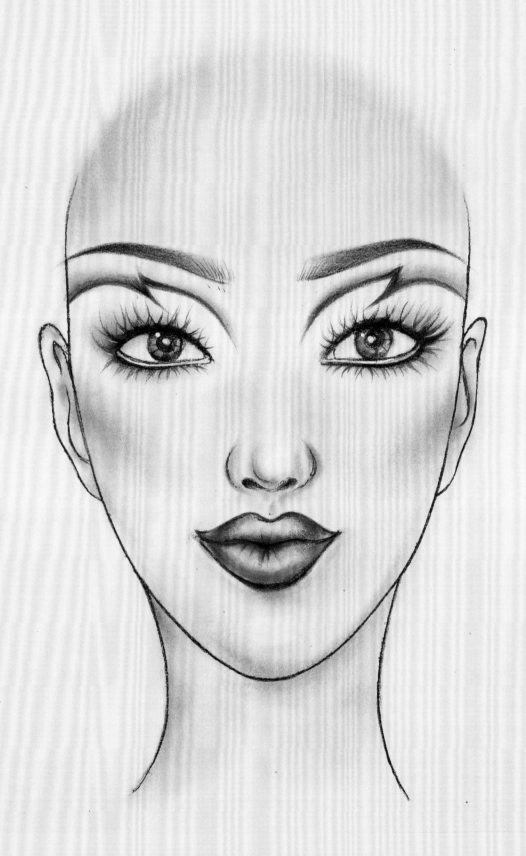

第十章

创意艺术面饰彩妆

在绚丽的色彩中，为呈现各种风情的造型，应用异材质元素，可以实现结合传统与现代造型意义的独特的美学表现。

『异材质』是指异于平时彩妆所用的一切材料，只要有创意，任何材质都可成为创作的工具，这些『异材质』很可能是生活中常见的材料，应用于妆面创作上，还需要设计师用巧思将其改造，转变为符合设计主题的造型。

第十一章

艺术创意彩妆

创意化妆设计表现形式丰富且千变万化，通过运用图纸进行表现，必须掌握好主题的风格特质，用现今流行的材质做创新，来展现技术与艺术整体美感。

创意彩妆艺术设计需注意几个要点：

1 掌握形式与构图的表现技法。

2 掌握色彩运用与搭配，了解不同搭配所呈现的视觉效果。

3 掌握着色渐层晕染技巧，呈现层次感、立体感、远近感的协调效果。

4 掌握各种材质的搭配与应用。

5 认识掌握对世界各国文化、艺术、人文风情的知识。

一 创意彩妆——纹身贴纸系列

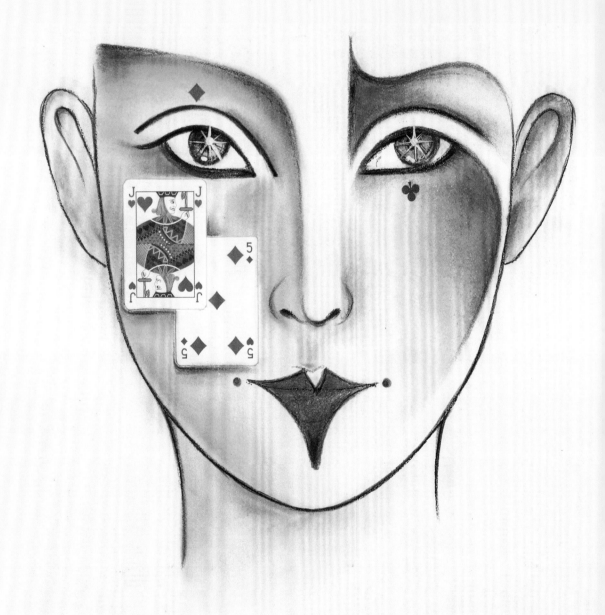

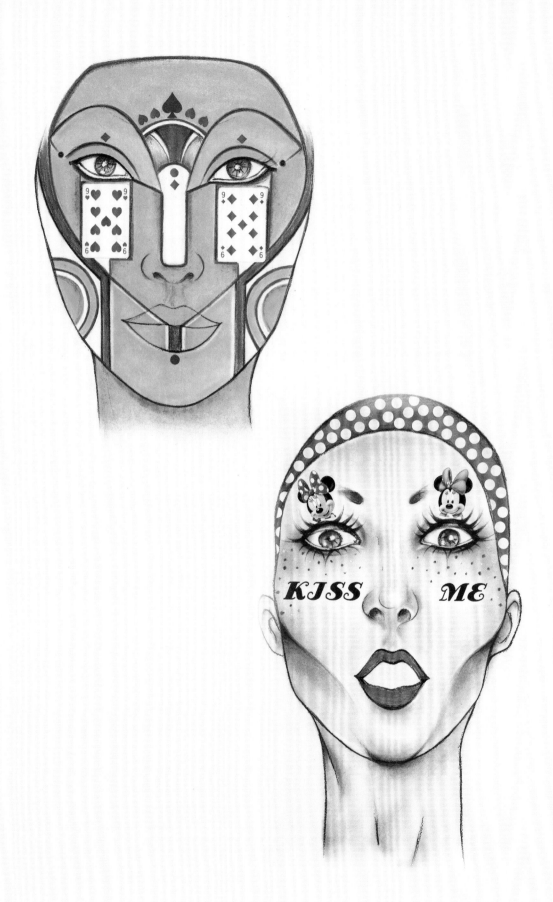

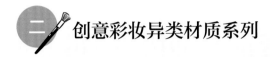

二　创意彩妆异类材质系列

　　运用异类材质，表现彩妆多元设计风格，突显融合跨界元素，呈现别出心裁的创意思维。

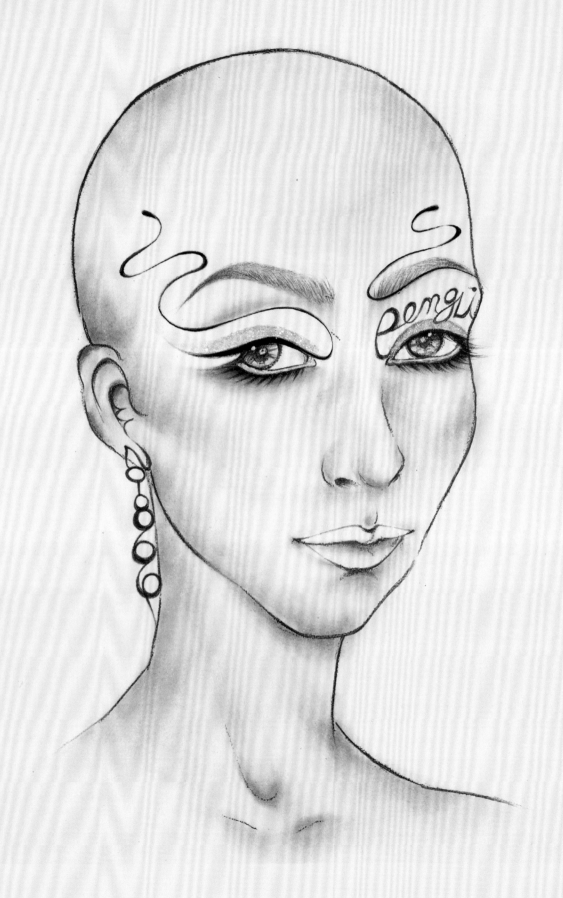

3D立体浮雕艺术

本单元将彩妆提升艺术的层次，独创的彩妆技法也将二维彩妆运用3D浮雕艺术技法与花卉图纸做媒材，结合已描绘好的平面图样呈现彩妆极致完美的经典表现。

BJD娃娃彩妆

将BJD娃娃的妆容与材料绘画相结合，融入更多的色彩，产生戏剧化的艺术表现，打破缺少艺术性表达的彩妆现状，传达独树一帜的审美态度。因其根据人体结构设计，所以也可将此妆运用到舞台表现者的脸上，呈现强烈的色彩对比，给观众与众不同的视觉冲击。

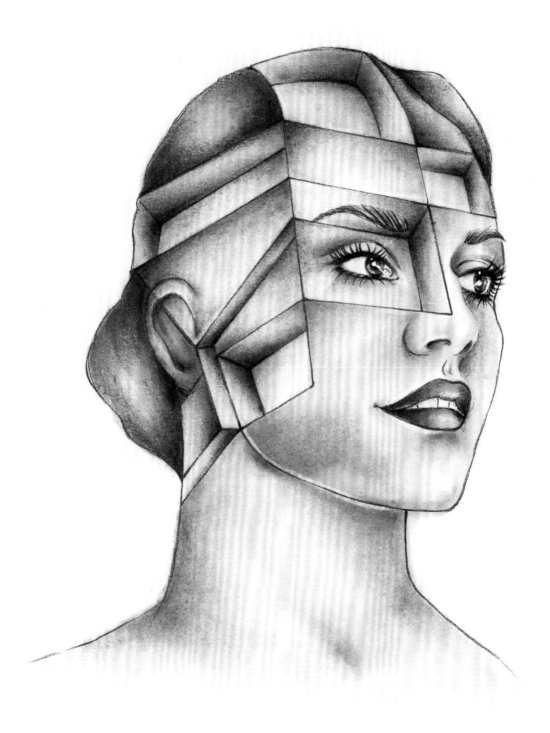

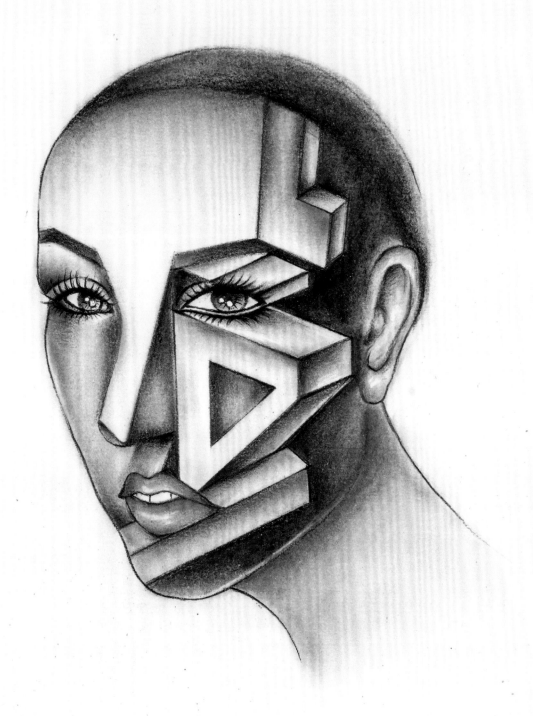

彩妆练习图

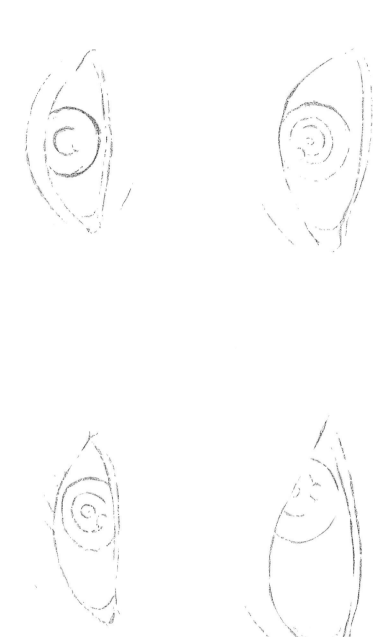

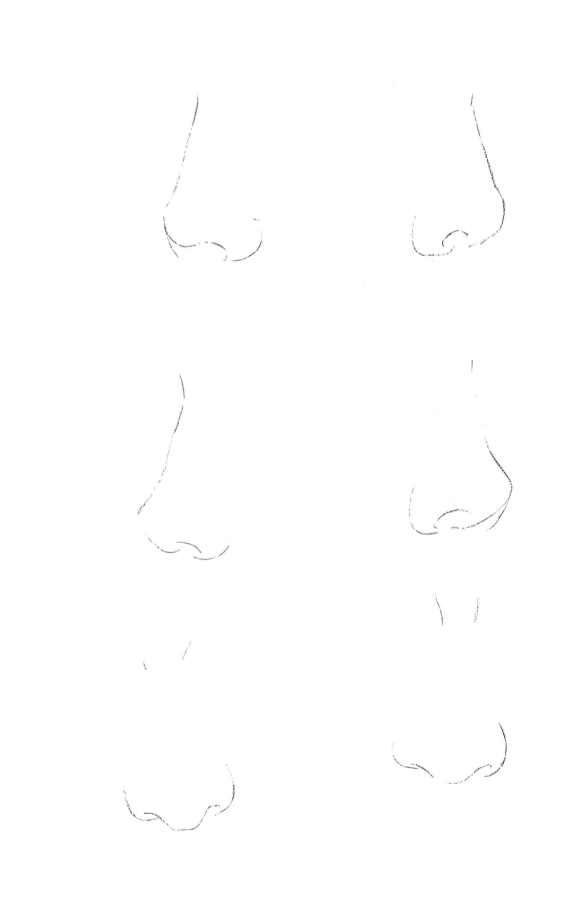

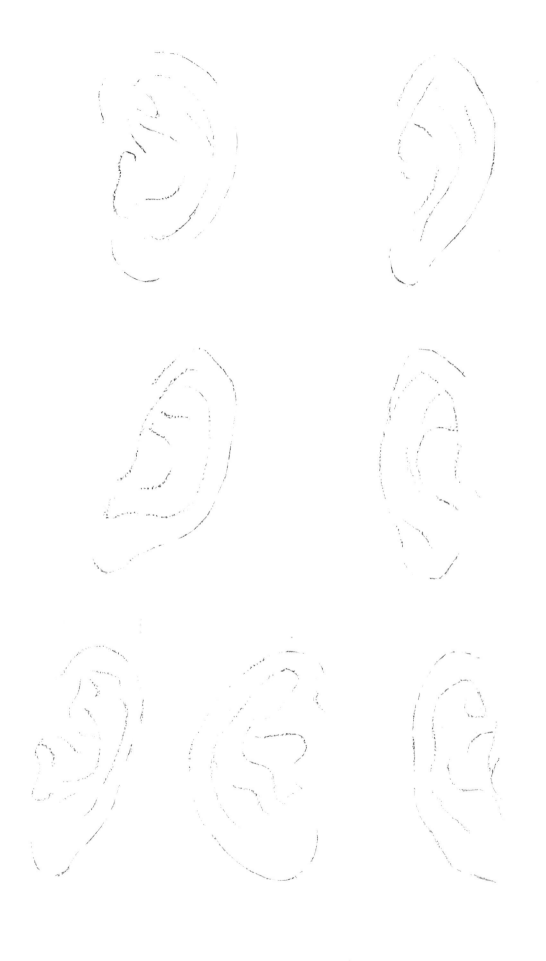

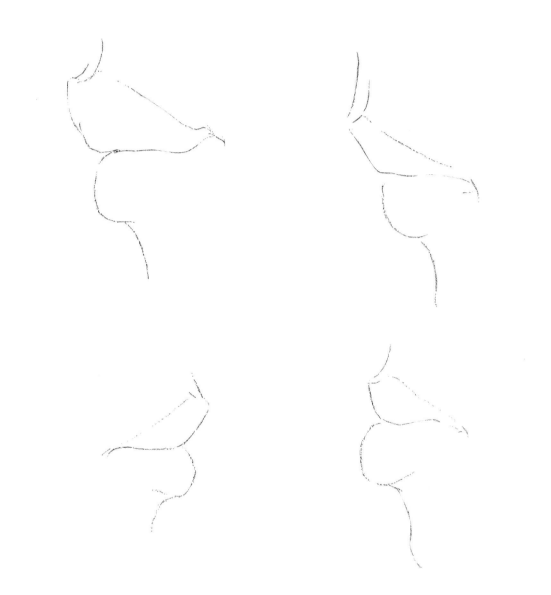

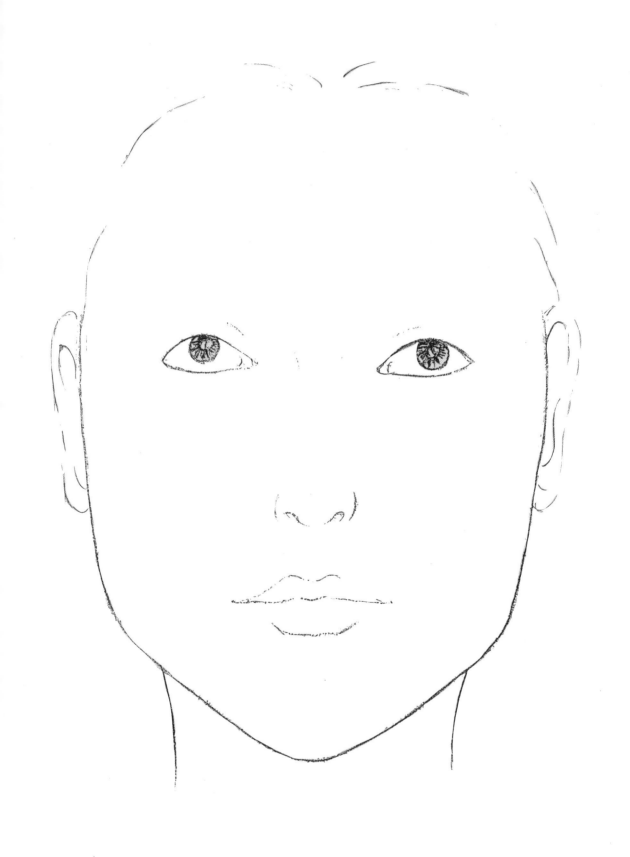

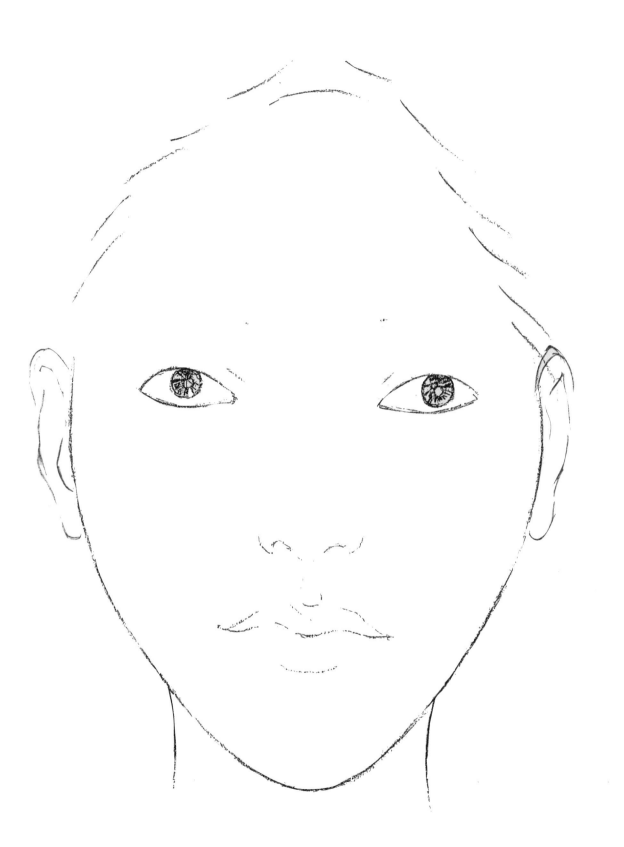

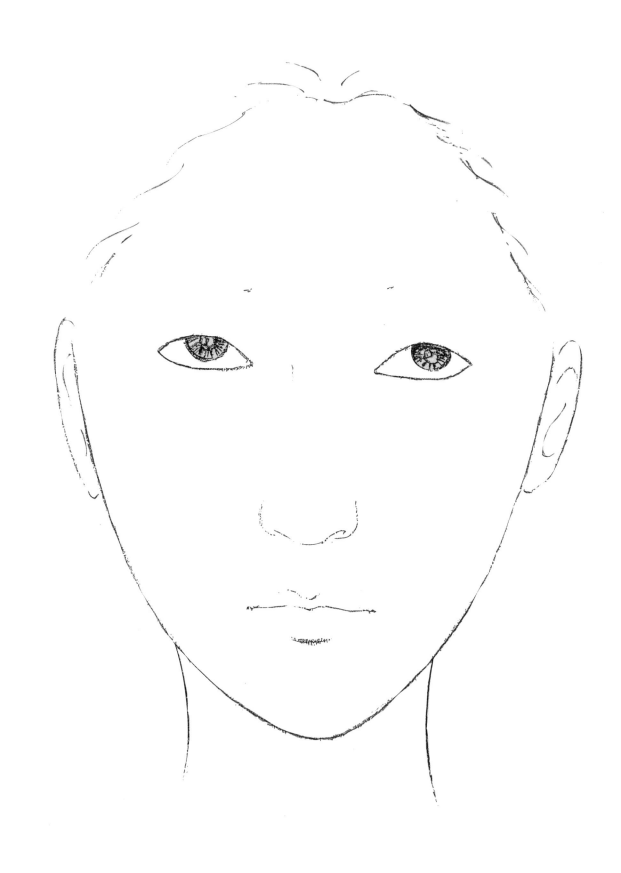

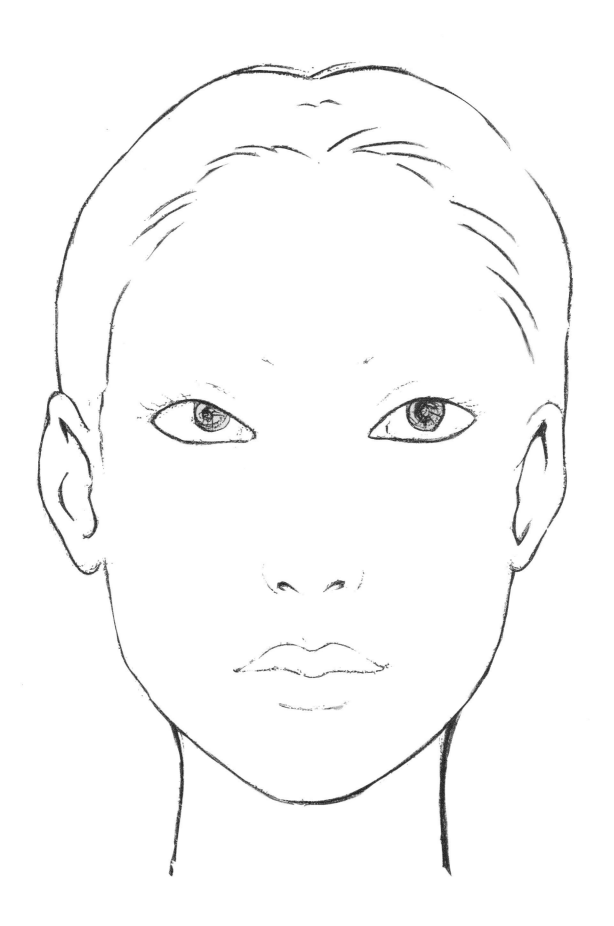

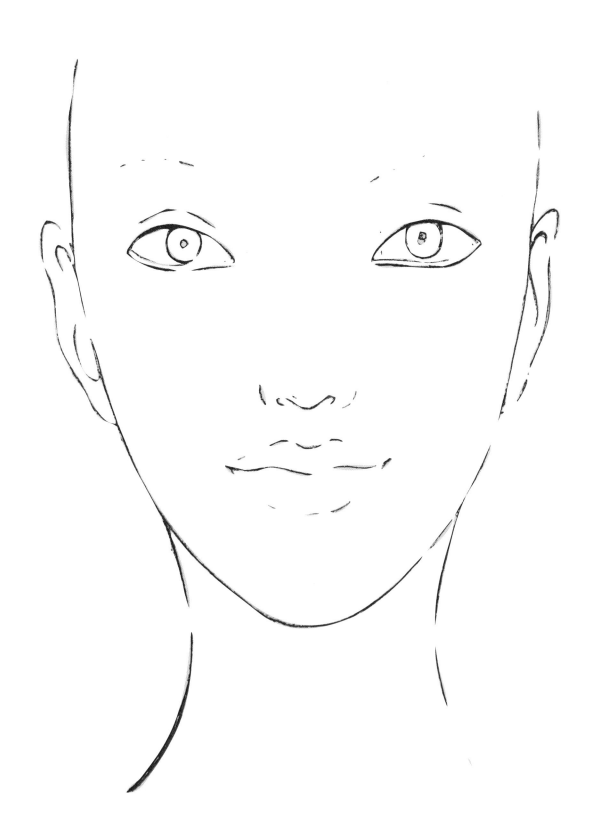

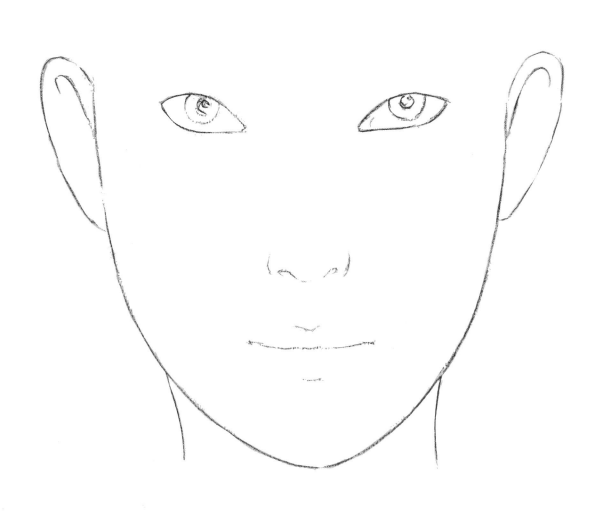

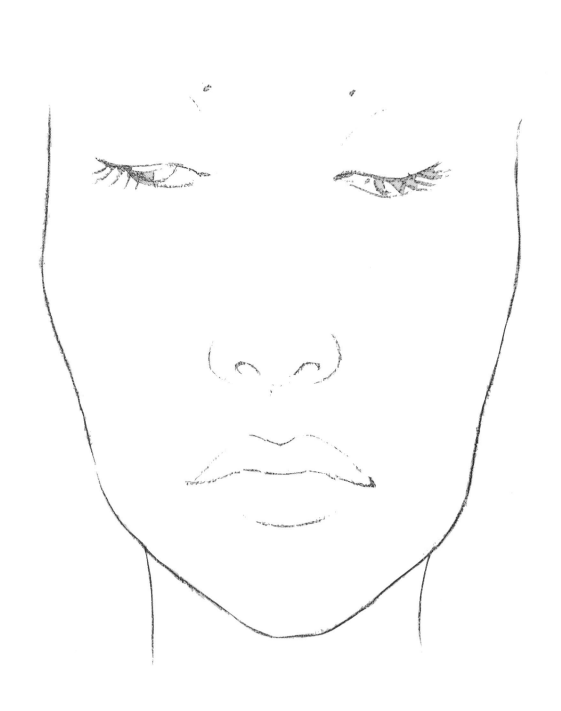

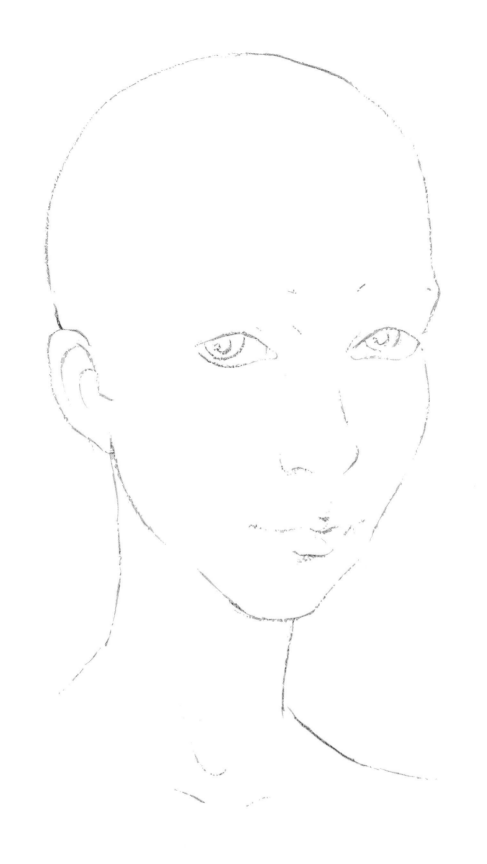

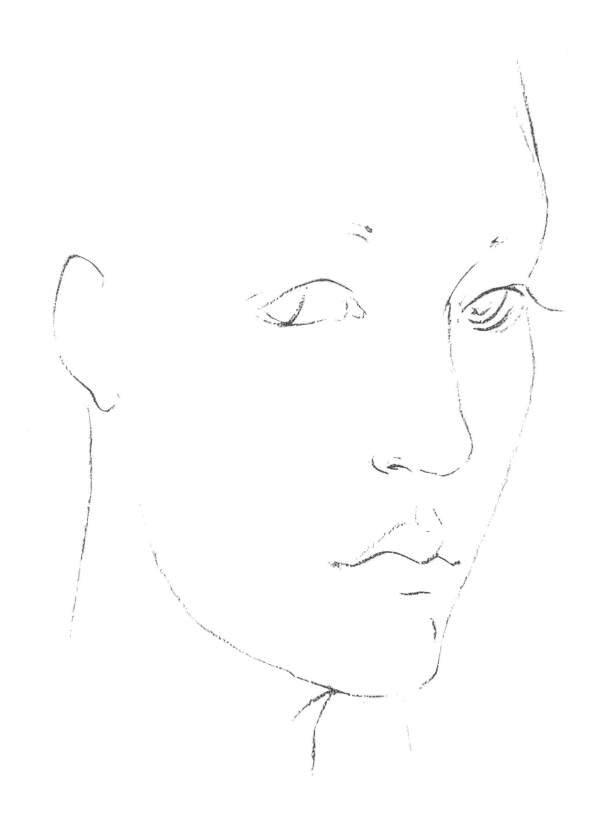

千里之路始于初步，任何技艺的精进与完善都必须有稳固的根基，将熟练的技术架构在根基上，与时代流行趋势并行发展。举凡任何工业设计或建筑设计等都必须先绘制设计图稿才能进行施工。服装、饰品、彩妆也不例外。将构思好的造型与色彩在纸上协调搭配好后，在人物上实操时能表现更臻完美。

《彩妆纸图设计》对于人物形象设计学习者而言，是一门必修课程，也是一门必须发展、推广的课程。不论是初学者，还是资深彩妆师，纸图绘制确是化妆前的设计记录。

如何使用绘图工具，辨识各种品牌眼影的性质，并将这些材质巧妙地描绘在已画好的脸型上进行色彩搭配，学习光影应用技巧，如何表现有立体感的修饰效果，训练流畅的线条，进而在纸图上呈现千变万化的创意表现风格，是这门课程的核心内容。

本书为提供各种阶段的学习者参考，分为13个章节，从模仿、思维训练到创作，其宗旨意在提炼技术能力与艺术修养，掌握设计思维，培养创新能力，并能学习美学的知识，提高审美能力。

创作是一连串的孤独与智慧的结晶，其背后是长期的孤单思考与无我的时间投入。数十年来研究、传授美彩艺术的心得与经验令我感受到越是深入了解美彩精髓，越觉得美学在深刻地影响着每个人的生活乃至人生。

我希望把本书的每个章节都做到完美，但由于时间仓促，许多问题还需更深入的探究，所以书中难免会有疏漏之处，还请读者谅解，敬请各界专家和读者朋友批评指正，不胜感谢。

卢苋秝

2019年5月